江南牡丹园
——杭州六和塔文化公园

Jiangnan Peony Garden
—— Hangzhou Culture Park of Liuhe Pagoda

杨华 傅强 刘妃妃 主编

中国林业出版社
China Forestry Publishing House

图书在版编目(CIP)数据

江南牡丹园:杭州六和塔文化公园 / 杨华, 傅强, 刘妃妃主编. -- 北京 : 中国林业出版社, 2025.3.
ISBN 978-7-5219-3121-1

Ⅰ. S685.11

中国国家版本馆CIP数据核字第20254F19D4号

责任编辑：张　华
封面绘图：孙清荷
装帧设计：北京八度出版服务机构
————————————————
出版发行：中国林业出版社
　　　　（100009，北京市西城区刘海胡同7号，电话010-83143566）
电子邮箱：43634711@qq.com
网址：https://www.cfph.net
印刷：河北京平诚乾印刷有限公司
版次：2025年3月第1版
印次：2025年3月第1版
开本：710mm×1000mm　1/16
印张：8.5
字数：123千字
定价：88.00元

《江南牡丹园——杭州六和塔文化公园》

编委会

顾　问： 唐宇力

主　编： 杨　华　　傅　强　　刘妃妃

编　委： 朱丽青　　王威寅　　陈　洁　　李诗颖　　蒋亚男
　　　　　范李节　　鲍紫薇　　张红梅　　张　剡　　孙清荷
　　　　　卢一鸣　　任志远　　陈国胜　　金建华　　陈佳红

摄　影： 章学军　　朱丽青　　尚新华

前言
Preface

　　杭州赏牡丹的习俗源远流长。苏轼在《牡丹记叙》中描述道："自舆台皂隶皆插花以从，观者数万人"，生动勾勒出彼时花会牡丹品种之繁盛，宋人赏花的闲情雅趣，恍若一幅悠然、热闹的市井画卷，将当时世人对牡丹的痴迷、观赏牡丹的盛况淋漓尽致地呈现于眼前。追溯牡丹与杭州的历史渊源，江南牡丹园之一的六和塔文化公园不可或缺。据记载，六和塔所在地原为五代吴越国的南果园，吴越国王钱俶在此地兴建六和塔之际，于周围遍植各类花木，牡丹亦在其中。

　　历史更迭，芬芳传承。2005年，六和塔牡丹专类园开始筹建，此后历经数载引种驯化，筛选、保存了在六和塔生长健壮、性状稳定的品种135个，其种植面积达4000余平方米。此举于传统名花在杭州乃至江南地区的传承与弘扬意义非凡。

　　古塔映盛世，牡丹绽芳华。杭州园林文物局、西湖风景名胜区管委会及所属钱江管理处历来十分重视牡丹的种植和牡丹文化的传承。为沿袭千年花朝传统，感恩这份历史馈赠，从2007年起，六和塔文化公园连续举办牡丹花精品展，历经十六届。经过一代代园林人的努力，六和塔牡丹花展规模逐年扩大，文化活动逐年丰富，社会关注度亦逐年提高，成为杭城花事活动的一大盛事，吸引着各地游客纷至沓来赏花打卡。

二十年前，牡丹花在六和塔所承载的历史变迁中得以重新绽放，如今，古塔与牡丹交相辉映，成为杭城百姓家门口独具特色的江南牡丹园。毋庸置疑，历经二十年的努力取得了丰硕的成果，这也正是我们编写《江南牡丹园——杭州六和塔文化公园》的初衷。值此六和塔恢复种植牡丹二十载之际，期以此书将这些来之不易的成果进行更为系统深入的总结与完善。编者将从六和塔文化公园与牡丹的渊源、牡丹的历史与文化、牡丹的品种分类与普及、六和塔牡丹栽培管理经验分享以及历届牡丹花展赏析等角度，向读者全方位展现六和塔牡丹文化的绚丽多姿，尤望能为今后江南地区牡丹品种的引种栽培与文化传播搭建一座交流互鉴之桥，为江南地区牡丹的蓬勃发展注入信心与动力。

然限于作者学识与能力，虽经多方努力，书中或仍存疏漏甚至错误之处，诚望专家与同仁不吝赐教，予以斧正。

编 者

农历甲辰年腊月

目录
Contents

前　言

第一章　六和塔文化公园概述

一、六和塔文化公园历史文化概况……001

　　……004

二、与牡丹的渊源……009

第二章　牡丹的历史与文化

一、牡丹栽培简史……013

　　……014

二、牡丹文化与应用……018

第三章　牡丹的品种分类与栽培管理

一、牡丹的品种分类……025

　　……026

二、牡丹的栽培管理……029

第四章 历届牡丹展赏析

1、2007年第一届牡丹展……038
2、2008年第二届牡丹展……041
3、2009年第三届牡丹展……043
4、2010年第四届牡丹展……046
5、2011年第五届牡丹展……050
6、2012年第六届牡丹展……053
7、2014年第七届牡丹花展……056
8、2015年第八届牡丹花展……059
9、2017年第九届牡丹展……065
10、2018第十届牡丹展……069
11、2019第十一届牡丹展……075
12、2020年第十二届牡丹展……079
13、2021年第十三届牡丹展……081
14、2022年第十四届牡丹展……087
15、2023年第十五届牡丹展……093
16、2024年第十六届牡丹展……097

参考文献……100

附录 六和塔文化公园栽植牡丹品种表……102

第一章 六和塔文化公园概述

六和塔文化公园(摄影:孙小明)

滔滔江水,巍巍古塔。六和塔文化公园,坐落在钱塘江畔的月轮山上,背倚连绵青山,面对浩瀚钱江,巍峨挺拔,是西湖景观中不可缺少的组成部分,公园总面积约79735平方米。

六和塔以其精湛的建筑艺术和雄伟秀丽的身姿,享誉国内外,被称为西湖古塔之首。六和塔跨越千年时空,见证风雨兴衰,阅尽人间沧桑,是杭州城的重要标志,也是杭州城最重要的古建筑遗存之一。一直以来,六和塔也是钱塘江两岸的标志性导航节点,是杭州不可缺少的文化、地理标志建筑。1961年,国务院将六和塔列为第一批全国重点文物保护单位。2002年,杭州开始实施西湖综合保护工程,推动西湖申遗,六和塔景区文化遗产景观保护传承成为其中重要的组成部分。如今六和塔文化公园不仅是中秋时节绝佳的钱塘江观潮点,更是极为重要的传统历史文化教育基地。

全国重点文物保护单位碑刻

一、六和塔文化公园历史文化概况

六和塔位于西湖之南，钱塘江畔月轮山上。六和塔最初建于北宋开宝三年（970），当时杭州为吴越国国都，国王为镇压钱塘江怒潮，派僧人智元禅师建造了六和塔，取佛教"六和敬"之义，命名为"六和塔"。现存六和塔砖身为南宋绍兴二十三年（1153）原构，葫芦形塔刹为元统二年（1334）所筑，木构外檐围廊为光绪二十六年（1900）朱智所加，它凝聚了自南宋到明清、民国，直至近代历史演变发展过程中所积淀的文脉精华。

六和塔初建之时，在塔侧建有塔院，即开化寺，是典型的左塔右院式格局。"初建成的塔共九层，高五十余丈，塔内藏有舍利，塔心室供奉佛像，塔顶安装明灯，以示佛祖长明"。宣和三年（1121）毁于战争烽烟，几乎破坏殆尽。南宋绍兴二十二年（1152），钱塘江肆虐，杭州城不得安宁，宋高宗命礼部看样，重建六和塔。此时，学僧智昙自告奋勇主持修建六和塔，至隆兴元年（1163）竣工。"这次重建的塔平面呈八角形，塔身砖砌，共七层，一层有周围廊，以上每层中心设小室，塔心室四周有廊，内设踏道，可以登临……与它同时建成的还有塔院。"隆兴二年（1164），宋孝宗赐号"慈恩开化教寺"，通称开化寺。明嘉靖十二年（1533），倭寇火烧六和塔，塔外檐木结构荡然无存，砖身在这场大火中幸免于难。万历年间（1573—1620），莲池大师主持大规模重修。崇祯九年（1636），清兵炮轰杭州城，六和塔烧毁。清雍正十三年（1735）重修。清道光三年（1823）再修。道光二十三年（1843），六和塔失火，外檐木结构烧毁。光绪二十六年（1900），朱智出资重修，在尚存的砖结构塔身外部添筑了十三层木构外檐廊，其中偶数六层封闭，奇数七层分别与塔身相通，塔芯里面，则以螺旋式阶梯从底层盘旋直达顶层，全塔形成"七明六暗"的格局。

民国二十三年（1934），著名建筑学家梁思成先生曾实地勘

开化寺现存遗址　　　梁思成六和塔复原图　　　六和塔内砖雕

察六和塔,并编制了《杭州六和塔复原状计划》。梁思成认为现存七层砖砌塔身的形制、用材、体例、浮雕图案等完全符合《营造法式》的规制,为南宋原物。

新中国成立后,六和塔又经过多次维修,其中规模较大的有4次,分别在1953年、1971年、1991年和2013年。近年以来,六和塔景区及周边环境也历经2次整改提升,分别是2009年的西湖申遗"六和听涛"保护整治工程和2010年的六和塔及周边环境保护整治工程。重建围墙使寺塔格局更为分明;重修秀江亭以增添意境;新建"中华古塔博览苑",将中国各地名塔缩微雕刻,掩映在山林之间,若隐若现,相得益彰,集中展示了中国古代建筑文化的辉煌成就;疏理水系重现金鱼池等景观,尽显江南古典园林韵味。

谈及六和塔的塔名,一说取自佛教的"六和敬"。"六和敬"即僧侣团结共处的6个方面:身和敬,同礼如来;口和敬,同赞佛德;意和敬,同信彼岸;戒和敬,同守戒律;见和敬,见解同空;利和敬,衣食均等。亦有称六合塔,取"天地东南西北"六方之合,以体现其广阔的含义。还有一说,源自《晋书·五行志》:"六气和则沴疾不生,盖寓修德祈年之意。"其实,无论哪种说法,都寄托了人们对六和塔消灾祈福功能的冀望。六和塔还流传着许多典故,诸如"钱王射潮""六和镇江""鲁达圆寂""武松出家"等。

秀江亭

中华古塔博览苑

巍巍六和塔，庄严开化寺，吸引了众多社会名流和国家领导人的造访，在塔的历史上添上了浓墨重彩的一笔。乾隆皇帝曾六下江南，次次均至六和塔开化寺，对钱塘江、月轮山一带的山河风光，这位以风雅自命的当朝皇上大加赞赏，发出了"壮观至是真空前，那更息心安四禅"的感叹。兴之所至，并在塔前牌坊上题写了"净宇江天"四字（现为现代著名书画艺术大师刘海粟重题），两旁有"潮声自演大乘法；塔影常圆无往身"对联，皆取佛学寓意。乾隆还专门为每一层进行题额：第一层"初地坚固"，前供地藏菩萨塑像，后置明万历刻北极真武像；二层"二谛俱

塔身一至七层题额

塔前牌坊"净宇江天"题字

融"，供东海龙王像；三层"三明净域"，供弥陀、观音、势至像；四层"四天宝纲"，供鲁智深像——此乃依据《水浒传》中鲁智深圆寂于六和塔的传说而设；五层"五云扶盖"，供毗卢观世音像；六层"六鳌负戴"；七层"七宝庄严"。

二、与牡丹的渊源

杭州赏牡丹的习俗源远流长。南宋时期，江南牡丹于杭州盛极一时。苏轼在《牡丹记叙》中写了他在杭州观牡丹的情景：园中花千本，上百个品种，酒酣乐作，州人以金盘与彩篮盛着鲜艳的牡丹，献于座上；座上诸人及仆人小官吏均于冠上簪花。观众达几万人，气氛十分热烈。《宋史·礼制》曰："凡国有大庆皆大宴……中饮更衣、赐花有差。"此时杭州也出现了很多新奇的品种，如'重台九心淡紫牡丹''白花青缘牡丹'等。

牡丹亭前绽雍容，六和塔下冠群芳。追溯牡丹与杭州的历史渊源，自然不可缺少江南牡丹的重要栽植地——六和塔文化公园。六和塔所在地原为五代吴越国的南果园，为当时的四大名园之一，吴越国王钱俶在此地造六和塔时，于周围遍植各类花木，牡丹亦在其中。然历史变迁，六和塔牡丹种植渐趋稀落。

2005年，六和塔文化公园牡丹专类园开始筹建，此后通过不断的引种驯化，积累中原牡丹、江南牡丹、日本牡丹等品种百余种，种植面积达4000平方米。这对传统名花在杭州地区的传承发扬具有重要意义。2012年，六和塔文化公园被授予"江南牡丹园"称号。2016年，杭州西湖风景名胜区钱江管理处成立了牡丹栽培养护技能大师工作室，不断对引种牡丹的栽培技术进行探索和实践。园区内多处营造了以牡丹为主要植物，搭配芍药、紫藤、倭海棠、黄馨、火棘、垂丝海棠等传统花卉的植物景观，围绕公园内主要景观节点设置牡丹花池，种植'霓虹焕彩''八千代春''玉楼春''乌龙捧盛'等数十个国内外牡丹品种，重振六和塔的牡丹花卉文化。

六和塔江南牡丹园授牌

技能大师工作室授牌,此为2022年更新后挂牌

六和塔以六和为名,"和"乃其灵魂所在,承载着世人对六和塔消灾祈福的深切期许。而在每个国人心中,"和"亦是幸福美满之基石,为一切追求之最高境界。2007年4~5月,六和塔景区以"景、情、境"为主题举办了六和塔"和文化"植物展暨第一届六和塔牡丹花展,展现"六和"这一古老又崭新的主题。展览的灵感来源于六和塔内须弥座上精美的牡丹、石榴、荷花、玉兰等砖雕遗存,取如意、喜庆、致和等美好寓意的牡丹为载

体,既符合现代大众的审美意趣,也开拓了六和塔的文化内涵。自此,六和塔文化公园每年都举办不同主题的牡丹精品展,重点展示适应型及稳定性较强的江南牡丹品种和栽培变种,吸引了大批游客前来观赏。六和塔文化公园也成为江南牡丹的一个主要栽培展示地。

千年的古塔需要守护,千年的文化积淀更需要深入地诠释和传承。历代不少文人墨客曾至此驻足,作诗咏叹:"孤塔凌霄汉,天风面面来。江光秋练净,岚色晓屏开",游人来到六和塔文化公园,既可欣赏古塔的雄姿,领略钱塘江的风光,又可漫步山林

六和塔下牡丹盛放
(摄影:王山)

胜境，感受"蝉噪林逾静，鸟鸣山更幽"的自然意境，濡染禅意，净化心灵。无论是六和听涛，亦或是牡丹花展，六和塔的千年胜景将以亲和、灵动之姿永驻人心。

六和塔牡丹花展
（摄影：程飞）

第二章

牡丹的历史与文化

一、牡丹栽培简史

牡丹为芍药科落叶灌木,是中国的传统名花之一。以花大、色艳、型美、香郁名列群芳之首,被誉为"国色天香""花中之王",是名贵的观赏植物。原产我国西北秦岭一带。许多学者以为,牡丹名称始见于文献应当在南北朝时期。最初以药用植物记载于汉魏的《神农本草经》,又名鹿韭、鼠姑,有除症结、祛瘀血的疗效。

牡丹由野生种到观赏栽培,已有1650余年的历史。"虽结籽儿而根上生苗,故谓牡,其花红色,故谓丹"(明·李时珍《本草纲目》)便是牡丹名称的由来。在南北朝时期(420—589),牡丹从野生逐步引为观赏植物栽培。而牡丹观赏品种的出现,最早的记载见于隋代。到了唐朝,牡丹的栽培和繁育进入了昌盛时

唐·周昉《簪花仕女图》,现藏于辽宁省博物馆

期。随着唐朝国力的日益强盛,百姓在安居乐业之余,乐于栽植和欣赏牡丹,促使牡丹的栽植范围不断扩大,逐渐蔓延至全国各地。武则天时期,洛阳盛植牡丹,同时牡丹也南下至杭州,在白居易任杭州刺史时(821—824),开元寺僧曾从京师移来牡丹花。赏花成为当时的盛大节日,赞美牡丹的诗歌盛极一时,如白居易的《买花》"帝城春欲暮,喧喧车马度。共道牡丹时,相随买花去……";刘禹锡《赏牡丹》"唯有牡丹真国色,花开时节动京城"都可反映出当时牡丹的观赏规模。

五代·徐熙《玉堂富贵图》,现藏于台北故宫博物院

牡丹从唐代开始兴盛，到宋代，随着栽培技术的不断发展，全国很多地区都有大规模的牡丹栽培。而身为西京的洛阳已成为牡丹的栽培中心，欧阳修的《洛阳牡丹记》呈现了当时洛阳牡丹观赏的"气候"。同时，宋代对牡丹的研究也有了长足进步，出现了更多的牡丹品种。《洛阳牡丹记》中就选取了比较著名的24个品种详加描述，其中以'姚黄'和'魏紫'最为著名，有人把'姚黄'称作花王，把'魏紫'称作花后。此外，宋代还出现了"万花会"，据《墨庄漫录》记载："西京牡丹闻于天下，花盛时，太守作万花会，宴集之所以花为屏帐，至于梁栋柱拱，悉以竹筒贮水簪花钉挂，举目皆花也。"

宋·赵昌《牡丹图》

宋·张邦基《墨庄漫录》

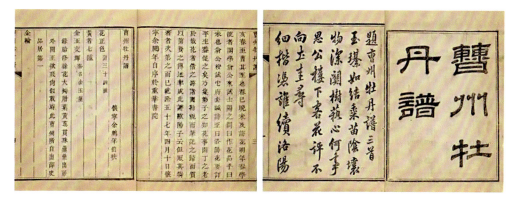

清·余鹏年《曹州牡丹谱》

经历了元朝承前启后、有所发展而又相对低潮的历史阶段，到明清时期，牡丹观赏栽培达到了新的鼎盛时代。明代，除了亳州盛产牡丹之外，山东菏泽(时称曹州)、北京的牡丹栽培也逐渐繁盛。北京"金殿内外尽植牡丹"，城外还有三大名园：梁家园、惠安园和清华园。甘肃的兰州、临夏，江南江阴、杭州、苏州、上海也有不少种植，广西灌阳也产牡丹。清代，曹州成为全国牡丹最著名的盛产地，培育出许多闻名遐迩的古代牡丹绝品。清代曹州牡丹栽培面积已达500多亩，每年输出十余万株，运往广州、天津、北京、汉口、西安、济南等地出售。

明清时期是中国园林发展的黄金时期，中国的皇家园林和私家园林水平达到封建社会的最高峰。牡丹的栽培选育有了更适合的大环境，培育出的品种无论数量和质量都远远超过了以前的水平。地方品种进一步发展，甘肃大部分地区均有牡丹栽培，而以兰州、临夏、临洮一带为栽培中心。江南有宁国牡丹和铜陵牡丹，清计楠的《牡丹谱》记录了200年前的江南牡丹。

整体来说，牡丹的栽培发展由隋朝以来经历了几次大的盛衰，包括隋朝（发展初期）—唐朝（盛期）—"安史之乱"（衰期）—后唐（恢复期）—北宋（盛期）—"靖康之乱"（衰期）—南宋至明清（盛期），其栽培中心也随着历史的发展不断地转移、扩散、扩大。

中国牡丹栽培中心转移与扩散表（引自魏巍《中国牡丹文化的综合研究》）

朝代	年代	栽培中心	次要栽培中心或重要栽培区域
隋	581—618	洛阳	—
唐	618—907	长安	洛阳、杭州
五代	907—960	洛阳	成都、杭州
北宋	960—1127	洛阳	陈州、杭州、吴县、成都
南宋	1127—1279	天彭	杭州、成都
明	1368—1644	亳州	曹州、江阴、北京、成都、洛阳、灌阳
清	1644—1911	曹州	北京、上海、嘉兴、铜陵、成都、洛阳、临夏、兰州

新中国成立后，人民生活水平不断提高，加上科学栽培技术的应用，牡丹的栽培区域扩展到全国范围，形成了以四大牡丹栽培品种群为代表的近千个栽培牡丹品种：以菏泽和洛阳为代表的中原牡丹品种群，以兰州为代表的西北牡丹品种群，以彭州为代表的西南牡丹品种群和以安徽铜陵为代表的江南牡丹品种群。除此之外，北京、上海、南京、杭州、西安、太原、成都、乌鲁木齐、哈尔滨等也成为重要的区域栽培中心。

二、牡丹文化与应用

1.牡丹由来传说

相传牡丹是西王母的小女儿瑶姬，奉命下凡助大禹治水时，向大禹求爱，遭到拒绝后，流下了悲伤的泪水。这眼泪一滴滴落在大地上，幻化出了一棵棵鲜艳的牡丹。这是牡丹的由来之说。而有关牡丹的传说中，不得不提的是武则天贬牡丹的故事。相传武则天称帝，为在严冬之日游乐上林苑，连夜下诏曰："明朝游上苑，火速报春知。花须连夜发，莫待晓风吹。"第二日早晨，上林苑果然百花齐放，争奇斗艳，唯牡丹不从。武则天见牡丹未开，大怒之下一把火将牡丹烧为焦灰，并将别处的牡丹连根拔出，贬至洛阳。《全唐诗》里录有《腊日宣诏幸上苑》一诗，前面并有小序："天授二年腊，卿相欲诈称花发，请幸上苑，有所

唐·武则天《腊日宣诏幸上苑》

谋也。许之,寻疑有异图,乃遣使宣诏云云。于是凌晨名花布苑,群臣咸服其异……"显示出牡丹"姿丽质足压群芳蕊,而劲骨刚心尤高出万卉"。

2.牡丹园林景观

牡丹以其万紫千红的艳丽色彩、锦绣成堆的强烈装饰效果成为园林中的重要景观。古代帝王的宫廷苑圃、寺观僧院以及平民百姓的庭院,牡丹都是常见的景观植物。牡丹常与其他植物、山水、建筑小品相配,形成视觉美好的园林景观,不仅给人以天然的姿色、风韵及芳香,还给人以丰富的文化内涵,对陶冶情操、品格升华具有重要效果。

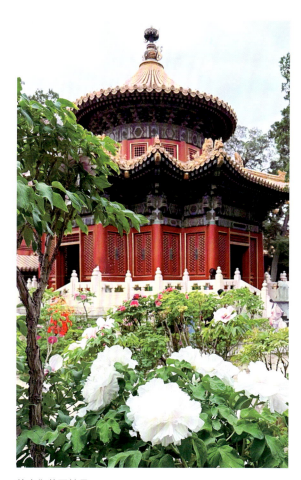

故宫御花园牡丹

在中国园林中，牡丹一般是作为观花植物来布置景观的，多被应用于中国古典园林之中，即便是应用于现代公园或街头绿地时，往往也集中栽植，形成"园中园"。牡丹在中国园林中传统文化内涵深，常以花喻人，展示出文化特色。如利用牡丹的"富贵"含义，把牡丹跟玉兰、海棠、桂树一起配置，寓意"玉堂富贵"，也有把迎春一起配置，寓意"玉堂富贵春"。正是牡丹的这种特殊文化象征，使牡丹的插花、盆景、花台、专类园等在古典园林史上也占有重要地位。

3.牡丹插花艺术

插花，起源于佛教的供花，《南史》卷四十四"有献莲花供佛者，众僧以铜罂盛水，渍其茎，欲花不萎"。以后插花却慢慢地从佛事中分脱出来，用于摆设欣赏，并在社会上逐渐流行起来。唐宋期间，插花进入了兴盛时期。

牡丹以其独特的魅力，在源远流长的中国传统插花艺术中，始终占有一席之地。牡丹插花在我国传统插花中应用广泛，有寓意吉祥的民间插花，始于汉代，盛于唐代的宫廷插花，以及用于佛教礼仪或禅室的佛事用花。民间插花历史悠久，自唐以后随着经济的发展而得以普及，插花、挂画、点香、品茗在宋代被称为"生活四艺"，说明插花已深深地渗透于民众的日常生活之中，牡丹因其雍容华贵，兼有色、香、韵之美，在中国民间传统意识中常作为富贵、吉祥、幸福的象征。因此，受到历代人们的喜爱。由于牡丹体现了富贵象征，特别受到推崇，常用于宫廷插花。宫廷中举行牡丹插花盛会，有严格的程序和豪华的排场，充分显示出皇家豪门的权势、富贵与威严。我国最早的插花专著《花九锡》中描述："重顶帷（障风）、金错刀（剪折）、甘泉（浸）、玉缸（贮）、雕文台座（安置）、画图、翻曲、美醑（赏）、新诗（咏）。"将牡丹宫廷插花的九个程序名曰"九锡"，视为至高无上、不容擅动的庄严仪式，就像帝王赐给有大功或有权势的诸侯大臣的九件器物一样。牡丹也常用于佛事用花，体现佛教的庄严

牡丹插花赏析

与光明，表达空寂、绝尘、无我、纯净、慈悲的境界。如唐代卢楞伽绘《六尊者像》中，绘一罗汉旁，置一竹制花几，上有花缸，插大小两朵牡丹，花色纯白清洁，于寂然中体悟禅意。

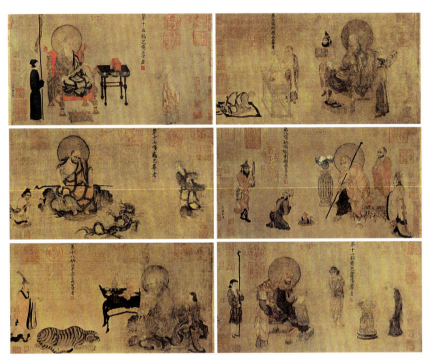

唐·卢楞伽绘《六尊者像》中的罗汉与牡丹

4.牡丹绘画艺术

牡丹绘画是牡丹文化的重要组成部分，中国的绘画常常是书画相通、书画兼备。牡丹以其独特的生物学美姿和吉祥富贵的象征，给人以精神上的陶冶和美的感受，成为水墨丹青中的重要题材。

自唐开始，牡丹的绘画作品代代相承，相传唐代花鸟画家边鸾曾在长安宝应寺壁上画牡丹，《宣和画谱》收藏他的三件牡丹花鸟图：《牡丹图》《牡丹白鹇图》《牡丹孔雀图》。北京市海淀区八里庄唐开成三年（846）王公淑夫妇合葬墓有牡丹壁画。唐代之后擅长画牡丹的有五代时期的于竞、王畋、徐熙，其中徐熙的《玉堂富贵图》流传至今。宋代徐崇嗣、赵佶，元代鲍敬、王渊、钱选，明代沈周、徐渭，清代恽寿平、赵之谦、八大山人、任伯年，以及近代画家吴昌硕、王雪涛、齐白石等都擅长画牡丹。如徐渭的《牡丹礁石图》别有新意，生机盎然，扫却富贵之象，尽显潇洒之姿。恽寿平的《牡丹图》画红、白、紫牡丹三朵，色泽莹润，意境幽淡，人称"恽牡丹"。赵之谦尤喜作牡丹，有《牡丹图》传世。

而当代牡丹绘画艺术更是辉煌发展，甚至已经"飞入寻常百姓家"。如洛阳市孟津区平乐镇平乐村，有300多名农民能泼墨画牡丹，其中省、市、县画家协会会员20多名，有"中国牡丹画第一村"之称。

5.牡丹纹饰艺术

牡丹纹饰主要表现为牡丹纹瓷和牡丹纹样，用以装饰陶瓷、雕塑、服饰等，是牡丹艺术的重要组成部分。牡丹插花、切花受季节的限制，但纹饰中的牡丹却可以四季鲜艳。

中国是陶瓷的发源地和中心，牡丹纹在瓷器等工艺品中的应用源远流长，纹样变化万千，耐人寻味。文物资料证实，早在中晚唐时期，我国当时六大青瓷窑口之一的越窑青瓷，在纹饰中就有刻印的牡丹花纹。宋代出现牡丹跟动物或人物的

齐白石画的牡丹

黄地珐琅彩牡丹纹碗

组合纹，如陕西耀州窑的凤穿牡丹，越窑的凤凰牡丹，定窑的凤衔牡丹、凤凰牡丹、婴戏牡丹，景德镇青白瓷的婴戏牡丹等。牡丹一直是历代陶瓷上的主要装饰图案，随着宋、元、明、清陶瓷技术的不断提高，牡丹图案在陶瓷上的应用更加广泛，形式更加多样。牡丹纹样在中国传统织物服饰中的应用有1000多年的历史，已经成为织物服饰最常见的一种图案，且已升华为民间服饰中显示荣华富贵的一种精神标识。跟牡丹在陶瓷上的纹饰一样，常跟其他动植物图案组合，形成特殊的吉祥寓意。

6.牡丹民俗文化

牡丹剪纸

牡丹是繁荣昌盛、兴旺发达的象征，自古就有品行刚毅、富贵吉祥、政通人和的寓意。《中国吉祥符》一书共收录286幅吉祥符图，其中由牡丹构成的吉祥符占了20幅。由牡丹组成的各种花纹图案，被应用到日常生活的方方面面，包括生活用品、衣物服饰、窗花剪纸等。牡丹剪纸在鲁西南和豫东北一带广泛用于婚房和迎新年的习俗，在为新人准备被褥时必定有一床牡丹龙凤图案的大红被子。

将牡丹花与动植物相组合以表达美好的愿望和寓意，是绘画、插花、陶瓷、服饰中常有的民俗表现，也称之为"彩头"。如牡丹与猫、蝶同图，称作"富贵老耄"，与羊同图意为"富贵吉祥"，与马同图寓意"马上富贵"。牡丹与莲花、鱼组合，期望"连年有余"或"富贵有余"。鹭鸶与牡丹象征"一路富贵"，古代科举时常把牡丹、莲花和鹭鸶绣在一起寓意"仕途高升"。婚嫁时多喜欢石榴、牡丹、蝙蝠的组合，寓意"富贵多子"，白头翁与牡丹组合象征"长寿富贵"和"白头偕老"。

第三章 牡丹的品种分类与栽培管理

牡丹（*Paeonia* × *suffruticosa* Andr.）是毛茛科芍药属的落叶灌木。其根系肉质强大，少分枝和须根。株高1～3米，老茎灰褐色，当年生枝黄褐色。二回三出羽状复叶互生。花单生茎顶，花径10～30厘米。花色有白、黄、粉、红、紫及复色等。中国是芍药科植物的起源中心，牡丹则是有着悠久文化历史和栽培历史的中国传统花卉之一，位居我国十大名花之首，常有"国色天香""花中之王"的美誉。除了观赏、油用、药用价值，也是古典园林、专类园景观的优秀植物材料之一，常与芍药一起栽培于公园景点。

明代王象晋《群芳谱》中记载："性宜寒畏热，喜燥畏湿；得新土则根旺，栽向阳则性舒；阴阳相伴，谓之养花，栽接剔治，谓之弄花。最忌热风炎日，若阴晴燥湿得中，栽接种植有法，花可开至七面叶，面可径尺。香种花者，须择种之佳者种之，若事事合法，时时着意，则花必盛茂。间变异品，此则以人力夺天工者也。"。由此可见，牡丹种植一定要选择冬无严寒、夏无酷暑、背风向阳、土层深厚疏松肥沃、排水好而又不连作的环境。如果开花期间能有侧方遮阴，避免强光直射，花色会更娇艳润泽，花期也可以适当延长，特别是对一些花瓣质地薄、不耐日晒的品种更为重要。

一、牡丹的品种分类

在系统分类上，牡丹隶属于植物界被子植物门（Angiospermae）双子叶植物纲（Dicotyledoneae）毛茛目（Ranales）毛茛科（Ranunculaceae）芍药属（*Paeonia*）。芍药属的植物包括牡丹与芍药两大类，可分为芍药组（sect. *Paeonia*）、北美芍药组（sect. *Onaepia*）和牡丹组（sect. *Moutan*）。

中国牡丹品种分类系统划分为"群""类""型"三级，各级划分依据如下：

品种群划分的依据　品种群划分依据有二：一是种源组成（种系），二是生态类型。

种源组成（即种系）是品种分类的基础。中国牡丹（含引进

单瓣类

千层类　楼子类

品种）分属5个种源组成系统，即Ⅰ普通牡丹种系、Ⅱ紫斑牡丹种系、Ⅲ杨山牡丹种系、Ⅳ黄牡丹种系、Ⅴ紫牡丹种系。

根据种源组成及产地生态条件，目前中国牡丹可划分为4大品种群：中国中原牡丹品种群、中国西北牡丹品种群、中国西南牡丹品种群、中国江南牡丹品种群。引进品种分属日本牡丹品种群、欧洲牡丹品种群、美国牡丹品种群。

品种类别划分的依据　每个品种群（或亚群）内，根据花瓣起源不同以及花朵形态的差别可分为3大类：单瓣类、千层类和楼子类。其中，千层类单花以无性花瓣增多方式为主，楼子类单花以雄蕊瓣化形成的有性花瓣为主。由于单瓣品种日渐增多，单独分出较为合适。

品种花型划分的依据 牡丹品种在演进过程中遵循一定的规律，在不同的演化阶段，因花部各组成部分演化程度及分化数量的不同，以及心皮异形化发育程度的差别，构成一系列不同的花型。主要以9个基本花型作为一级花型，即单瓣型、荷花型、菊花型、蔷薇型、托桂型、皇冠型、绣球型、千层台阁型、楼子台阁型。

荷花型	菊花型
蔷薇型	托桂型
皇冠型	绣球型
千层台阁型	楼子台阁型
	单瓣型

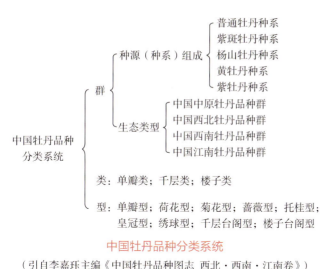

中国牡丹品种分类系统

（引自李嘉珏主编《中国牡丹品种图志 西北·西南·江南卷》）

二、牡丹的栽培管理

长江中下游一带海拔较低（一般为5～100米），夏季炎热湿润，冬季较为干燥寒冷，属北亚热带气候。能适应江南气候条件的牡丹品种属于耐高温湿热生态型。

杭州市介于北纬29°11′～30°34′、东经118°20′～120°37′之间，属于亚热带季风气候，四季分明，雨量充沛。全年平均气温13～20℃，≥10℃积温为4000～6500℃，平均相对湿度70.3%，年降水量800~1600毫米，年日照时数1765小时。无霜期230～260天。六和塔文化公园位于西湖西南，钱塘江北岸的月轮山上，是典型的西湖山地公园，海拔40米，山区气温垂直差异较明显，温度较平地略低。遵循历史沿革，公园2005年开始规划牡丹种植地，目前已有栽种性状稳定的牡丹品种135个（详见附录）。

杭州地区主要气象因子表

地点	海拔（米）	年平均气温（℃）	1月平均气温（℃）	7月平均气温（℃）	极端最低气温（℃）	极端最高气温（℃）	≥10℃积温（℃）	年均降水量（毫米）	年均蒸发量（毫米）	年均相对湿度（%）	年均日照时数（小时）
杭州	40	13～20	3.8	31.8	-5.6	41.9	4000～6500	800～1600	1309	70.3	1765

六和塔文化公园作为典型的山地公园，具有土壤黏性重、通透性差，植被丰茂，空气湿度大，地下水位高、易积水的自然条件，并不完全符合牡丹生长习性，根据多年在杭州西湖风景名胜区六和塔文化公园露地栽植牡丹的经验，总结出杭州地区露地栽培的养护关键技术。

品种的选择　根据种植地的气候特点及观赏需求，从2005年开始，陆续从山东菏泽、青岛引进286个牡丹品种，经过多年的栽植驯化，筛选、保存了生长强健、性状稳定、观赏效果佳的品种135，包括'洛阳红''胜葛巾''贵妃插翠'等，这些品种根系粗壮而匀称或较密集，在杭州地区大多肉质根生长缓慢或停止生长，须根萌发及生长势强健，茎干节间粗壮，芽体饱满，不易染病虫害。

种苗选择与处理　应选3~4年生以上、5~7个主干、根系完整、枝条健壮、芽饱满、无病虫害的优质壮苗栽植。栽植前应剪去病残根、折断或过长（超过20厘米以上）的根，然后捆好，用50%福美双800倍液或50%多菌灵800~1000倍液浸泡10~15分钟消毒，捞出沥干后栽植。

土壤选择和处理　种植地宜选土层深厚肥沃、疏松透气、排水良好的地块，土质以沙质壤土为佳，种植条件差时应采用熟黄土+腐殖土+泥炭（育苗基质）+珍珠岩+厩肥按2∶2∶1∶1∶1混合的配制，确保土质疏松肥沃，肥效持久有利于排水。局部有乔灌木遮挡，采光率不小于70%。pH值中性至微酸性（pH值6.0~7.0）。

植株消毒

种植土配制消毒

整地做垄

土壤消毒

种植地做垄，施入厩肥80千克/亩；缺磷的土壤增施磷肥30千克/亩，耕翻埋入。垄宽100～120厘米，高30～40厘米，沟底宽40厘米，使用杀菌剂进行土壤消毒。

栽植时间　10月下旬至11月上旬均可栽植。如天气尚热或遇阴雨可适当推迟。这时地温还比较高，地下根部还能生长，发出新根，对提高牡丹成活率、越冬以及翌年的生长是十分有利的。但是也不能太早，太早了气温太高，湿度大，栽后会引起"秋发"，越冬时易受冻害；太迟，新根萌发少，甚至不萌动，影响成活。一般牡丹秋植，不宜春栽，早春牡丹开始生长，鳞芽萌动，抽枝展叶，现蕾开花，养分及水分消耗量极大；迁移、栽植容易伤根，造成水分及养分供应不足，影响吸收，而难以成活或成活后生长发育不良，不开花。如春季移植，时间一定要早，须带土球，移栽后立即浇一次透水，确保土壤与根部充分接触。若对牡丹养护得法，它不仅可以顺利成活，而且开花也不错。

栽植方法 牡丹栽植前对根部及枝条应适当修剪，修剪断根、病根及木质化的老根，修剪断枝、过密枝及细弱枝。种植前对植株进行整体杀菌消毒。种植穴深度不小于根系长度，常见种植穴深50~60厘米、宽40~45厘米。

种植时，根系疏朗，不卷曲，根颈部低于地面2厘米左右，覆土一半时，轻提植株左右摆动，确保根系与土壤紧密结

修剪前

修剪后

地栽种植

盆栽种植

施肥与浇水

合,无中空现象,种植土不低于植株根颈部。种植后应及时浇透水。栽植密度根据苗木大小和管理水平而定,一般3年生苗冠幅40~50厘米,种植间距为100厘米。

养护管理　牡丹喜肥,合理施肥是实现牡丹在种植地良好生长的前提。施肥量应视植株大小、生长状况、土壤养分情况而定。肥料一般是厩肥与复合肥交替使用或增施磷酸二氢钾等叶面肥。施肥主要掌握3个时期:开花前15~20天内施肥,以氮肥和磷肥为主,补充根系及枝条的营养所需,有利于开花;花后15~20天内施肥,以氮肥为主,同时施少量的磷肥,有利于植株生长势的恢复,促进花芽的分化;秋冬季施用"冬肥",一般在

12月，可使用厩肥、豆饼肥或菜饼肥。春夏季多施氮肥，秋冬季多施磷钾肥；高温期间不施；新梢抽发期轻施。

牡丹浇水要以既保持土壤湿润，又不可过湿，更不能积水为原则，宁干勿湿。种植后及时浇透水，江南地区养护期不需过多浇水，一般到高温旱季，土壤产生龟裂状态浇水。更重要的是要避免积水，雨季要注意及时清除排水沟淤泥。

为了改善土壤通气状况，提高土壤保温保墒的能力，促进牡丹根系更好地生长，要经常进行松土除草。从春天起就要遵循

盆栽拔草

地栽除草

定干摘蕾

"除早、除小、除净"的除草原则,做到"有草必除,无草也要松土"。尤其七八月,天热雨多,杂草滋生得快,容易造成种植地通风不良,滋生病虫害,影响牡丹的正常生长发育。下雨或灌水后,待土壤略干,就要进行锄地松土。松土有"湿地锄干,干地锄湿"之效。深度一般为5~10厘米,再深容易伤根。

在杭州地区,牡丹种植面临的主要病害有紫纹羽病、根腐病、褐斑病、灰霉病、立枯病、叶斑病和炭疽病等;虫害有吹棉蚧、刺蛾、蜗牛、蛴螬、介壳虫等。

江南地区牡丹的整形修剪一般每年进行3次,第1次修剪宜在2月上旬进行,主要是定干、抹芽、摘蕾,修剪重叠枝、病弱枝、内向枝等,选留生长健壮、空间布局合理的枝条,抹除多余的萌蘖芽;3月上旬疏除过多的花蕾,使养分集中供应主蕾开花,确保花大色艳,并保持优雅的花姿花态。4月中下旬至5月上旬,当牡丹花朵凋萎、失去观赏价值后进行第2次修剪,残花连同花梗一同剪除，以减少养分消耗，同时剪除观赏中折断落下的枯枝、枯叶，保持植株的整洁美观，通风透光。11月至12月上旬，牡丹落叶后进行第3次修剪，剪除枯枝、枯叶，同时修剪弱枝、病枝和残枝，统一清理，集中销毁。

修剪

定蕾

拢冠

第四章

历届牡丹展赏析

春来谁作韶华主，总领群芳是牡丹。当三月的春风拂过，百花争艳，六和塔下牡丹花卓然独立，占尽人间春色。江南地区虽不是牡丹的发源地，气候条件亦不及北方适合牡丹种植，但自南宋时期，江南牡丹栽培蔚然盛行，培育出诸多观赏价值极高的品种，赏牡丹亦成为宋代文人墨客的风尚雅事。时至今日，赏牡丹的传统一直得以延续，从2007年起，六和塔文化公园连续举办牡丹精品展，历经十六届，花展主题一脉相承，内容常办常新，为市民游客带来国色盛景。本章节将结合六和塔文化公园历届牡丹精品展期间的品种展示、环境小品布置、文化体验活动等，向读者们展现牡丹之美、六和之文。

一、2007年第一届牡丹展

主题："景·情·境"——六和塔"和文化"植物展暨第一届六和塔牡丹花展

时间：2007年4月1日至5月7日

内容：展现"六和"这一古老又崭新的主题，展览的灵感来源于六和塔内须弥座上精美的牡丹、石榴、荷花、玉兰等砖雕遗存，取如意、喜庆、致和等美好寓意的牡丹为载体，既符合现代大众的审美意趣，也开拓了六和塔的文化内涵。

花展环境赏析：

主打品种赏析：

| 百花 | 红霞 | 银红 |
| 丛笑 | 争辉 | 巧对 |

凤丹

红宝石

香玉 | 玉楼春

二、2008年第二届牡丹展

主题:"国色天香"——第二届六和塔牡丹花展

时间:2008年3月28日至5月5日

内容:为积极倡导"创建和谐社会,构建和谐西湖",丰富景区文化生活,2008年以"国色天香"为主题举办第二届六和塔牡丹花展,此次花展中主要展出'彩绘''彩云托日''藏枝红'等50余个牡丹品种,并通过园林小品和花卉的布置,增强花展的观赏性和艺术性。

花展环境赏析:

主打品种赏析：

百园红霞	锦红
彩绘	彩云托日
藏枝红	曹州红
昌红（江南）	雪塔

三、2009年第三届牡丹展

主题:"国色天香"——第三届六和塔牡丹花会

时间:2009年4月3日至5月3日

内容:本届牡丹花会以"国色天香"为主题,融合了全国诸多地区的80余个牡丹品种,分三大区域:杭州历史上的牡丹区、新品牡丹区及大型地栽区,其中大部分来自山东菏泽,还有近10个品种从日本空运而来。同时,展览结合园林小品和花卉布置,配套主题文化演出、"六和祈福"互动体验、牡丹诗词等活动,不断弘扬牡丹花文化,增强花会的观赏性和游览体验感。

花展环境赏析:

文化活动赏析：

文艺演出

互动许愿墙

主打品种赏析：

春红娇艳　大红宝珠　黑花魁
花二乔
乌金耀辉　乌龙捧盛　大棕紫

四、2010年第四届牡丹展

主题："花开富贵"——第四届六和塔牡丹花展

时间：2010年4月1日至5月5日

内容：本届牡丹花展融汇了国内外80余个牡丹品种，分四大区域进行布置，主要有盆栽精品区、露地栽培区、牡丹文化展示区、花文化情景表演区。花展期间每逢双休日，六和塔公园内还上演"牡丹花下夺花魁"的情景互动活动，游客们不仅可以欣赏到花和尚鲁智深勇救民女的场景，还可以亲身参与活动，成为六和塔下夺花魁的英雄。

花展环境赏析：

第四章　历届牡丹展赏析

文化活动赏析：

"牡丹花下夺花魁"情景互动活动

主打品种赏析：

岛锦	富贵满堂
锦绣球	墨楼争辉
粉中冠	种生黄
锦袍红	蓝田玉	玉麒麟

五、2011年第五届牡丹展

主题:"国色天香"——第五届六和塔牡丹花会

时间:2011年4月7日至5月3日

内容:第五届六和塔牡丹花会引进牡丹36个品种800余株,种植芍药100余株、荷包牡丹100余株,时令花卉布置8000余盆。通过牡丹花品种展示、园林花卉小品布置以及开展参与性特色活动,增加景点与游客间的互动性,提升景点文化品质。

花展环境赏析:

文化活动赏析：

开幕式

名家书画活动

主打品种赏析：

海黄 八千代椿 卷叶红

冠群芳	冠世墨玉
贵妃插翠	金玉交章
景玉	群芳殿

六、2012第六届牡丹花展

主题:"国色天香"——第六届六和塔牡丹花会

时间:2012年4月6日至5月7日

内容:本次牡丹花会汇集了来自国内外牡丹、芍药品种150余种,集合画牡丹、摄牡丹、情定牡丹等活动,将花会一次次推向高潮,全国的牡丹研究者都相聚六和塔下分享这届名花盛会。

花展环境赏析:

文化活动赏析:

"花为媒塔为证"第二届六和结缘相亲会

《等你回来》微电影发布

名家书画活动

金水祥《拍摄六和牡丹展》

苏乾初《牡丹亭下画牡丹》

主题摄影比赛

主打品种赏析：

红麒麟　花蝴蝶　初乌
岛乃藤　胡红　花王
八重樱
岛大臣　无瑕美玉

七、2014第七届牡丹花展

主题："古塔映盛世　牡丹绽华章"——第七届六和塔牡丹花展

时间：2014年4月10日至5月5日

内容：六和塔修葺重光典礼暨第七届牡丹花展在六和塔公园隆重举行，典礼以舞蹈"六和飞天"拉开序幕，杭州文史专家、西湖申遗专家组成员王其煌老师为开塔仪式祈福颂文。公园入口处、广场上散布着别具创意的花境及形态自由随性的摄影展和插花展。牡丹花席及牡丹茶艺表演、微信拍客大赛、六和牡丹摄影展、2014杭州市插花艺术交流展也随即开始。

花展环境赏析：

文化活动赏析：

主打品种赏析：

花遊	乌云集盛	娇容三变
黄翠羽		旭港
洛阳红		旭日
金桂飘香	菱花湛露	

八、2015第八届牡丹展

主题："六和霓裳·国色天香"——第八届六和塔牡丹花展

时间：2015年3月29日至5月3日

内容：此次牡丹花展新增牡丹品种20个，芍药品种13个，是牡丹和芍药花色最丰富、品种最名贵的一届。公园内四处室外环境小品进行了精心布置，以宫灯、扇、窗牖、船等为构件，把牡丹花布、绸伞、枯枝、绿竹等艺术化，展示丰富多彩的牡丹文化。此外，邀请台湾插花大师陈月英及杭州花卉协会插花分会插花能手共同在塔基一层现场创作12组大型主题壁挂式插花。在花展准备和展出期间，还推出"牡丹生长日记""牡丹科普展""牡丹微信扫面""牡丹之资"系列表演、萌娃"迷你版朝代秀及牡丹T恤DIY秀""长卷绘牡丹"等活动，充分将旅游文创事业结合到花卉展览中。

花展环境赏析：

江南牡丹园——杭州六和塔文化公园

文化活动赏析：

"长卷画牡丹"活动（由周国城大师开笔，20位小朋友共同作画）

T台走秀活动

第四章　历届牡丹展赏析

主题文化表演

插花比赛

主打品种赏析：

蓝田玉	黑海撒金
霓虹焕彩	百花选
雪映桃花	迎日红
芳纪	
肉芙蓉	鲁荷红

九、2017第九届牡丹展

主题:"六和霓裳·国色天香"——第九届六和塔牡丹花展

时间:2017年3月28日至4月18日

内容:本届牡丹花展新增牡丹品种8个,芍药品种5个,包含传统'凤丹'和'宫娥乔装''蓝宝石''琉璃贯珠'品种。以古韵、典雅、贵气为主题,精心布置四处室外环境小品,以宫灯、牡丹团扇、纸伞、木框架、太湖石、古典案几等为构件,展示丰富多彩的牡丹文化。此外,邀请著名插花大师樊建文及杭州花卉协会插花分会插花能手共同在茶室创作东方式古典插花。

花展环境赏析:

文化活动赏析：

开幕式

第四章 历届牡丹展赏析

插花比赛

互动体验活动

主打品种赏析：

宫娥乔装	黄金时代
蓝宝石	浪花锦
李园红	琉璃贯珠
洛阳红	连鹤
玫瑰红	

十、2018第十届牡丹展

主题:"六和霓裳 国色天香"——第十届六和塔牡丹花展

时间:2018年4月1日至4月20日

内容:本届花展共有3800余株地栽、450余盆盆栽等150个品种的牡丹展出。花展期间,展出广州市美术家协会主席周国城近年创作40余幅大写意牡丹系列国画精品力作。以古韵、典雅的主题精心布置四处室外环境小品,采用六和塔塔雕元素、坤门造型,以牡丹挂饰、纸伞、木框架、太湖石等为构件,展示出独具六和塔特色的牡丹文化。此外,邀请著名插花大师樊建文及杭州花卉协会插花分会插花能手共同在茶室创作东方式古典插花。

花展环境赏析:

江南牡丹园——杭州六和塔文化公园

第四章 历届牡丹展赏析

文化活动赏析：

开幕式

戏曲表演

第四章　历届牡丹展赏析

周国城牡丹作品展

主打品种赏析：

黑豹	花蝴蝶	平湖秋月
黑妞		镰田锦
洛麟芷血		绿幕隐玉
墨润绝伦		气壮山河

十一、2019第十一届牡丹展

主题:"六和霓裳 国色天香"——第十一届六和塔牡丹花展

时间:2019年4月2日至4月18日

内容:本届花展展出2000余株地栽、460余盆盆栽共计160个品种的牡丹,较上年新增了10个新品种,新开辟精品观赏区,环境布置上将六和塔历史文化与牡丹元素相融合,以地栽牡丹与盆栽牡丹为主角,同时以雕塑、立体花坛、布艺手工等方式进行花艺创作,精彩纷呈。文化活动形式亦丰富多样,如跟着大师赏牡丹、将汉服体验活动带到六和塔等。

花展环境赏析:

江南牡丹园——杭州六和塔文化公园

文化活动赏析：

开幕式

"霓裳羽衣"汉服体验活动

"跟着大师赏牡丹"活动

主打品种赏析：

珊瑚台	青翠兰	古城春色
青龙卧墨池		日暮
群芳殿		如花似玉
日月锦		紫蓝魁

十二、2020年第十二届牡丹展

主题:"六和霓裳·国色天香"——第十二届六和塔牡丹花展

时间:2020年3月20日至4月10日

内容:本届牡丹花展布置形式从简,以江岸和塔基两处牡丹展陈、地栽牡丹观赏为主,展出3800余株地栽、450余盆盆栽共计136个品种。

花展环境赏析:

主打品种赏析：

天衣	胜葛巾	
桃红飞翠	桃花飞雪	
亭亭玉立	十八号	
首案红	圣代	太阳

十三、2021年第十三届牡丹展

主题:"百年建党筑盛世,千姿牡丹庆伟业"——第十三届六和塔牡丹花展

时间:2021年3月24日至4月15日

内容:以"百年建党筑盛世,千姿牡丹庆伟业"为主题,通过新优牡丹品种观赏、环境小品展示,传承六和牡丹文化品牌,献礼党的百年华诞。

花展环境赏析:

江南牡丹园——杭州六和塔文化公园

文化活动赏析：

开幕式

牡丹国画扇展

"红色印记——伟人足迹映西湖"红色主题旅游线路

"文化讲堂——跟着大师学牡丹"(北京林业大学牡丹研究专家成仿云教授)

第四章 历届牡丹展赏析

"乐赏乐游——闻香赏色识牡丹"线上线下活动（西湖风景名胜区牡丹栽培养护技能大师工作室领衔人傅强）

"清平雅事——沉浸体验插花课"活动

主打品种赏析:

西瓜瓤	五一红	
魏紫	彤云	
火炼金丹	五大洲	
白鹤卧雪	白雪公主	赵粉

十四、2022年第十四届牡丹展

主题:"江南国色韵杭州 盛世风采迎亚运"——长三角牡丹花展

时间:2022年4月1日至4月15日

内容:本届花展邀请了上海植物园,江苏苏州、常熟、盐城、扬州,浙江嘉兴、宁波,安徽合肥等十余家长三角著名牡丹栽培单位选花送展。花展展出观赏价值高的牡丹品种达200个,首次展出中原牡丹10个、紫斑牡丹20个。并推出了"暮春之礼,竹牡之情""塔影丹色"等6处环境小品布置,开幕式期间召开了迎亚运杭州市园林绿化系统动员大会,同时在六和塔举办杭州市青工技能比武(组合盆栽),共展出56件组合盆栽作品,受到各界人士的好评。

花展环境赏析:

088 江南牡丹园——杭州六和塔文化公园

文化活动赏析：

开幕式

"花开盛世,多彩亚运"杭州市迎亚运青工比武(组合盆栽)

第四章 历届牡丹展赏析

宋韵古道主题集市

主打品种赏析:

彩蝶	春归华屋
高淳白牡丹	鹤顶红
建始粉	银粉金鳞
紫莲	皇嘉门
紫云	

十五、2023年第十五届牡丹展

主题:"天香·人和"——第十五届六和塔牡丹花展

时间:2023年4月1日至4月15日

内容:本届展览展出地栽牡丹品种近70个,盆栽牡丹品种近130个。包括未命名的新品种4个,以及高杆日本牡丹、紫斑牡丹等特色品种。花展开设集中观赏区,内有特别推出的观赏性较强的精品牡丹,便于市民游客观赏。精心设计制作"天香·人和""六和丹华""簪花兔""和·生活"等主题环境小品,在六和茶室、钟声处,还原宋代市集中街市场景,营造宋韵古道花卉集市,丰富游览体验。

花展环境赏析:

江南牡丹园——杭州六和塔文化公园

文化活动赏析：

主题文化演出

"跟着大师赏牡丹"活动

"赏花乐游"集章活动

主打品种赏析：

八云　　玉面桃花

雨后风光	虞姬艳装	
墨楼争辉	珊瑚台	种生黑
玉楼点翠	紫芙蓉	

十六、2024年第十六届牡丹展

主题："辰龙宋颜·天香人和"——第十六届六和塔牡丹花展

时间：2024年3月29日至4月15日

内容：本届展览期间展出地栽牡丹品种50余个，盆栽牡丹品种130余个。融入六和、宋韵元素，精心设计制作"春色""春之华""宋之生活"等主题环境小品，沿线结合牡丹、宋韵元素进行环境布置。设置丰富的文化体验活动——六和有乐、六和有花、六和有市、六和有料、六和有镜、六和有知，为市民游客沉浸式打造国色盛景，持续擦亮六和塔花事"金名片"。

花展环境赏析：

文化活动赏析：

沉浸式文化演出

"六和有花——万千同屏揭秘牡丹盲盒"线上活动

第四章 历届牡丹展赏析

六和有市——"美出圈"私房花市

六和有镜——全景VR"云上"赏牡丹

主打品种赏析：

冰罩蓝玉	春柳
酒醉杨妃	擎天粉
翠娇容	茄蓝丹砂	八束狮子

参考文献

陈辉, 黄战生. 中国吉祥符[M]. 海口: 海南出版社, 1992.

陈耀华. 牡丹的花色与品种分类[J]. 花木盆景 (花卉园艺), 2001(3): 14.

丁丽萍, 马力, 冉永军. 牡丹品种分类及观赏性状的主成分分析[J]. 林业科技通讯, 2020(5): 32-35.

董健丽. 漫谈牡丹及牡丹纹瓷[J]. 陶瓷研究, 2001, 16(3): 20-24.

甘肃省文化馆, 武威县文化馆. 武威汉代医简[M]. 北京: 文物出版社, 1975.

杭州市园林文物管理局. 西湖风景园林 (1949—1989)[M]. 上海: 上海科学技术出版社, 1990.

扈耕田. 中国国花溯源[J]. 民俗研究, 2010(4): 120-131.

孔飞. 杭州六和塔名满华夏[J]. 中国地名, 2012, 02: 1.

李嘉珏. 中国牡丹[M]. 北京: 中国大百科全书出版社, 2011.

李嘉珏. 中国牡丹品种图志: 西北·西南·江南卷[M]. 北京: 中国林业出版社, 2005.

李丽. 牡丹的栽培管理及应用[J]. 现代农业, 2010(1): 8-9.

李肇. 唐国史补-因画录[M]. 上海: 上海古籍出版社, 1979.

林晓民, 王少先, 陈根强. 中国牡丹文化[M]. 北京: 中国农业出版社, 2017.

欧阳修. 洛阳牡丹记 (欧阳文忠公文集·外集二十二)[M]. 上海: 商务印书馆, 1936.

欧贻宏. 唐宋时期的宫廷插花[J]. 广东园林, 1988(4): 21-22.

祁庆富, 申敬燮. 中韩传统织绣印染中的牡丹纹样[J]. 民族艺术, 1997(2): 130-140.

阮仪三. 历史环境保护理论与实践[M]. 上海: 同济大学出版社, 1999.

邵安领, 杨春芳, 刘红凡, 等. 江南地区牡丹高效栽培技术[J]. 特种经济动植物, 2021, 24(12): 96-98.

宋达. 杭州六和塔[J]. 文物之邦, 1993(4): 1.

苏寒山. 六和塔: 钱塘江畔"塔将军"[J]. 科学中国人, 2021(34): 52-53.

唐宇力. 六和塔[M]. 杭州: 杭州出版社, 2004.

王莲英, 袁涛. 中国牡丹与芍药[M]. 北京: 金盾出版社, 1999.

王士伦. 杭州六和塔[J]. 哲学与人文科学, 1981(5): 1-2.

魏巍. 中国牡丹文化的综合研究[D]. 郑州: 河南大学, 2009.

吴洁. 浅谈杭州六和塔的历史与现状[J]. 大众文艺, 2013(3): 1.

杨先芬. 花卉文化与园林观赏[M]. 北京：中国农业出版社, 2005.

郁书君, 杨玉勇, 余树勋. 芍药与牡丹[M]. 北京：中国农业出版社, 2005.

喻衡. 牡丹花[M]. 上海：上海科学技术出版社, 1989.

张邦基, 孔凡礼点校. 墨庄漫录[M]. 唐宋史料笔记丛刊. 北京：中华书局, 2002.

张道海, 吴诗华. 关于中国牡丹历史起源及分类的探讨[J]. 中国园林, 1997(2): 5–7.

张晶晶, 王亮生, 刘政安. 牡丹花色研究进展[J]. 园艺学报, 2006(6): 1383–1388.

张珏. 文化遗产景观保护传承的探索性实践——以杭州六和塔景区保护性提升整治为例[J]. 中国风景园林学会2013年会论文集(上册), 2013, 10: 1–3.

张龙渤, 樊佩荣. 简述我国牡丹品种群的起源与形成[J]. 中国学术期刊电子出版社, 1994: 20–23.

赵兰勇. 中国牡丹栽培与鉴赏[M]. 北京：金盾出版社, 2004.

郑青. 牡丹在传统插花中的应用[J]. 中国花卉园艺, 2004(23): 52–53.

朱丽娟. 浅谈牡丹的栽培历史及园林应用[J]. 南方农业, 2010, 4(8): 59–60.

朱丽青, 范丽琨, 傅强. 杭州西湖风景名胜区牡丹观赏价值评价及不同花芽修剪对牡丹生长势的影响[J]. 现代园艺, 2020, 43(1): 20–22.

朱丽青, 傅强, 范丽琨. 杭州地区中原牡丹露地栽培养护关键技术[J]. 现代园艺, 2019, (7): 80–81.

附录 六和塔文化公园栽植牡丹品种表

序号	品种	植物形态	叶型	花型	花色	花期	照片
1	玉楼春	直立半开展	大型圆叶	楼子台阁型	粉红色	3月下旬至4月上旬	
2	香玉	直立	大型圆叶	皇冠型、荷花型、托桂型	白色	3月下旬至4月上旬	
3	洛阳红	直立	中型长叶	蔷薇型	紫红色	4月上旬	
4	蓝宝石	半开展	中型长叶	菊花型	粉微带蓝色	4月上旬	
5	胜葛巾	半开展	中型长叶	千层台阁型	粉紫色	4月上旬	
6	雪塔	半开展	大型长叶	皇冠型、荷花型、托桂型	白色	3月下旬至4月上旬	

（续）

序号	品种	植物形态	叶型	花型	花色	花期	照片
7	贵妃插翠	直立	中型圆叶	千层台阁型	粉红色	4月上旬	
8	卷叶红	直立	中型圆叶	楼子台阁型	红色	4月上旬至中旬	
9	黑海撒金	直立	中型圆叶	千层台阁型	墨紫红色	4月上旬	
10	岛锦	直立	中型长叶	蔷薇型	红白二色	4月中旬	
11	海黄	直立半开展	大型长叶	菊花型	黄色	4月中旬	

(续)

序号	品种	植物形态	叶型	花型	花色	花期	照片
12	红宝石	中高半开展	中型长叶	菊花型、蔷薇型	红色	3月下旬至4月上旬	
13	百花丛笑	直立	中型长叶	菊花型	浅红色	4月上旬	
14	彩绘	偏矮半开展	大型圆叶	皇冠型	浅红带紫	4月上旬	
15	初乌	偏矮直立	中型长叶	荷花型	墨紫色	4月上旬至中旬	
16	曹州红	半开展	中型圆叶	千层台阁型	红色	3月下旬至4月上旬	

附录　六和塔文化公园栽植牡丹品种表

（续）

序号	品种	植物形态	叶型	花型	花色	花期	照片
17	芳纪	直立	中型长叶	蔷薇型	红色	4月中旬	
18	粉中冠	半开展	中型长叶	皇冠型	粉色	4月上旬	
19	富贵满堂	半开展	中型长叶	千层台阁型、蔷薇型、菊花型	红色或粉红色	3月下旬至4月上旬	
20	胡红	半开展	大型圆叶	皇冠型、荷花型、托桂型	红色	4月上旬至中旬	
21	花王	高大直立	中型长叶	蔷薇型	红色	4月上旬至中旬	

(续)

序号	品种	植物形态	叶型	花型	花色	花期	照片
22	琉璃贯珠	直立	大型长叶	皇冠型、荷花型、托桂型	白色	4月上旬	
23	菱花湛露	开展	中型长叶	千层台阁型	粉紫色	4月中旬	
24	霓虹焕彩	半开展	中型圆叶	台阁型	红色	4月上旬	
25	太阳	高大直立	中型长叶	菊花型	红色	4月中旬	
26	乌龙捧盛	半开展	中型长叶	蔷薇型、千层台阁型	紫色	4月上旬	
27	雪映桃花	半开展	小型长叶	蔷薇型	粉色	4月上旬至中旬	

(续)

序号	品种	植物形态	叶型	花型	花色	花期	照片
28	银红巧对	半开展	小型长叶	菊花型	粉色	4月上旬	
29	八千代椿	直立	大型长叶	菊花型	红色	4月上旬至中旬	
30	八束狮子	半开展	大型圆叶	蔷薇型	粉红色	4月中旬	
31	八云	直立	中型长叶	蔷薇型	紫红色	4月中旬	
32	八重樱	直立	中型圆叶	荷花型	粉色	4月中旬	

(续)

序号	品种	植物形态	叶型	花型	花色	花期	照片
33	白鹤卧雪	开展	小型圆叶	皇冠型、托桂型	白色	4月上旬	
34	白雪公主	半开展	中型长叶	单瓣型、荷花型	白色	4月上旬	
35	黑夫人	高大直立	中型圆叶	菊花型、蔷薇型	墨紫色	4月上旬	
36	百花撰	高大直立	大型长叶	菊花型	红色	4月中旬	
37	百园红霞	直立	中型长叶	皇冠型	紫红色	4月上旬	

附录　六和塔文化公园栽植牡丹品种表

（续）

序号	品种	植物形态	叶型	花型	花色	花期	照片
38	冰罩蓝玉	半开展	中型圆叶	皇冠型	粉白色	3月下旬至4月上旬	
39	彩蝶	直立	中型圆叶	单瓣型	紫红色	4月上旬	
40	彩菊	半开展	小型圆叶	菊花型	粉色	4月上旬	
41	彩云托日	半开展	中型长叶	千层台阁型	紫红色	4月中旬	
42	藏枝红	偏矮开展	中型圆叶	皇冠型	紫红色	3月下旬至4月上旬	
43	朝衣	半开展	中型长叶	千层台阁型、蔷薇型	紫红色	4月中旬	

（续）

序号	品种	植物形态	叶型	花型	花色	花期	照片
44	垂头蓝	半开展	中型长叶	皇冠型	蓝紫色	4月中旬	
45	春归华屋	半开展	中型长叶	千层台阁型	紫红色	4月上旬	
46	春红娇艳	直立	大型圆叶	菊花型	红色	4月上旬	
47	春柳	半开展	大型长叶	绣球型	绿色	4月中旬	
48	翠娇容	半开展	中型长叶	单瓣型、荷花型、皇冠型	粉色	3月下旬至4月上旬	

附录　六和塔文化公园栽植牡丹品种表

（续）

序号	品种	植物形态	叶型	花型	花色	花期	照片
49	大红宝珠	半开展	中型长叶	菊花型、千层台阁型	红色	4月上旬	
50	大棕紫	直立	中型圆叶	蔷薇型	紫红色	4月上旬	
51	岛大臣	半开展	中型长叶	蔷薇型	紫红色	4月中旬	
52	岛乃藤	半开展	大型长叶	蔷薇型	粉色	4月中旬	
53	丁香紫	开展	中型长叶	皇冠型	粉紫色	4月中旬	

（续）

序号	品种	植物形态	叶型	花型	花色	花期	照片
54	凤丹	直立	大型长叶	单瓣型、荷花型	白色	3月下旬至4月上旬	
55	茄蓝丹砂	直立	中型长叶	菊花型、蔷薇型	紫色	4月上旬	
56	金阁	开展	中型圆叶	千层台阁型	复色	4月中旬	
57	宫娥乔装	直立	中型长叶	荷花型	红色	3月下旬至4月上旬	
58	古城春色	直立	中型圆叶	皇冠型	黄色	4月上旬	

附录　六和塔文化公园栽植牡丹品种表

（续）

序号	品种	植物形态	叶型	花型	花色	花期	照片
59	冠群芳	半开展	小型长叶	楼子台阁型	紫红色	4月上旬	
60	冠世墨玉	直立	中型圆叶	皇冠型、托桂型、蔷薇型	墨紫色	4月上旬	
61	鹤顶红	直立	小型圆叶	菊花型、蔷薇型	红色	4月上旬	
62	黑豹	中高直立	小型长叶	菊花型、荷花型	紫红色	4月中旬	
63	黑花魁	矮半开展	中型圆叶	菊花型、荷花型	墨紫色	4月上旬	
64	黑妞	直立	中型长叶	菊花型、荷花型	墨紫色	4月上旬至中旬	

（续）

序号	品种	植物形态	叶型	花型	花色	花期	照片
65	红麒麟	半开展	中型长叶	皇冠型	红色	4月上旬	
66	红霞争辉	半开展	中型长叶	蔷薇型	紫红色	4月上旬	
67	花二乔	直立	中型圆叶	蔷薇型	复色	4月上旬	
68	小蝴蝶	直立	中型圆叶	菊花型、荷花型、蔷薇型	粉色	4月上旬	

附录　六和塔文化公园栽植牡丹品种表

（续）

序号	品种	植物形态	叶型	花型	花色	花期	照片
69	花遊	直立	大型长叶	荷花型	红色	4月中旬	
70	皇嘉门	直立	中型长叶	蔷薇型	墨紫红色	4月中旬	
71	黄翠羽	半开展	大型圆叶	皇冠型	黄色	4月上旬	
72	黄金时代	直立	小型长叶	单瓣型	淡黄色	4月中旬	
73	火炼金丹	半开展	中型圆叶	荷花型、皇冠型	红色	3月下旬至4月上旬	

（续）

序号	品种	植物形态	叶型	花型	花色	花期	照片
74	建始粉（紫斑）	直立	大型长叶	单瓣型	粉色	4月上旬至中旬	
75	娇容三变	半开展	中型圆叶	绣球型	粉色	4月上旬	
76	金桂飘香	直立	小型圆叶	皇冠型	黄色	4月上旬	
77	金玉交章	低矮紧凑	中型圆叶	皇冠型、托桂型	黄色	3月下旬至4月上旬	
78	锦红	半开展	中型长叶	楼子台阁型	紫红色	4月上旬至中旬	

附录　六和塔文化公园栽植牡丹品种表　117

（续）

序号	品种	植物形态	叶型	花型	花色	花期	照片
79	锦袍红	半开展	大型圆叶	菊花型、蔷薇型	紫红色	4月上旬	
80	锦绣球	直立	小型长叶	楼子台阁型	紫红色	4月上旬	
81	景玉	直立	中型长叶	皇冠型	白色	3月下旬至4月上旬	
82	酒醉杨妃	开展	大型长叶	荷花型、皇冠型、托桂型	粉色	4月上旬	
83	蓝田玉	半开展	中型圆叶	皇冠型	粉蓝色	4月上旬至中旬	
84	浪花锦	直立	中型长叶	荷花型	红色	4月中旬	
85	金晃	矮小半开展	中型长叶	蔷薇型	黄色	4月中旬	

(续)

序号	品种	植物形态	叶型	花型	花色	花期	照片
86	连鹤	直立	中型圆叶	荷花型	白色	4月上旬至中旬	
87	镰田锦	直立	中型长叶	蔷薇型	紫蓝色	4月中旬	
88	鲁荷红	半开展	中型长叶	千层台阁型	红色	4月上旬	
89	珠光墨润	半开展	中型长叶	蔷薇型、菊花型	墨紫红色	4月上旬	

附录　六和塔文化公园栽植牡丹品种表　119

（续）

序号	品种	植物形态	叶型	花型	花色	花期	照片
90	绿幕隐玉	半开展	大型长叶	绣球型	绿色	4月中旬	
91	绿香球	开展	大型长叶	绣球型、皇冠型	绿色	4月中旬	
92	玫瑰红	半开展	中型圆叶	菊花型、蔷薇型	紫红色	4月上旬	
93	墨楼争辉	半开展	大型圆叶	皇冠型	墨紫红色	4月上旬	
94	墨润绝伦	高大直立	中型长叶	菊花型	墨紫色	4月上旬	

（续）

序号	品种	植物形态	叶型	花型	花色	花期	照片
95	平湖秋月	高大直立	中型圆叶	皇冠型	复色	4月上旬	
96	气壮山河	高大直立	中型圆叶	皇冠型	深紫红色	4月上旬	
97	青翠蓝	中高直立	小型圆叶	皇冠型	粉色带蓝	3月下旬至4月上旬	
98	青龙卧墨池	中高开展	大型圆叶	皇冠型、托桂型	墨紫色	4月上旬	

（续）

序号	品种	植物形态	叶型	花型	花色	花期	照片
99	擎天粉	高大直立	小型卵叶	金环型	粉色带蓝	4月上旬	
100	紫蓝魁	高大半开展	中型圆叶	皇冠型	粉微带紫	4月上旬	
101	日暮	高大直立	中型长叶	荷花型、菊花型	桃红色	4月中旬	
102	日月锦	中高直立	中型长叶	荷花型	洋红色	4月中旬	
103	肉芙蓉	半开展	中型长叶	菊花型	粉红色	4月上旬	

（续）

序号	品种	植物形态	叶型	花型	花色	花期	照片
104	如花似玉	高大直立	中型长叶	菊花型	粉红带蓝	4月上旬至中旬	
105	珊瑚台	矮半开展	小型长叶	皇冠型	浅红色	4月上旬	
106	圣代	高大直立	中型长叶	楼子台阁型	粉红色	4月中旬	
107	十八号	高大直立	中型圆叶	千层台阁型、菊花型	深桃红色	4月上旬	

（续）

序号	品种	植物形态	叶型	花型	花色	花期	照片
108	首案红	高大直立	大型圆叶	皇冠型	深紫红色	4月上旬	
109	桃红飞翠	高大半开展	大型长叶	千层台阁型	深粉红色	4月上旬	
110	桃花飞雪	中高半开展	中型长叶	菊花型	粉微带紫	4月上旬	
111	天衣	中高直立	中型长叶	蔷薇型	粉白色	4月中旬	

(续)

序号	品种	植物形态	叶型	花型	花色	花期	照片
112	亭亭玉立	高大直立	小型长叶	菊花型	白色	4月上旬	
113	彤云	中高半开展	中型长叶	千层台阁型	紫红色	4月中旬	
114	魏紫	矮开展	小型圆叶	皇冠型	紫色	4月中旬	
115	乌金耀辉	半开展	中型长叶	蔷薇型、菊花型	墨紫红色	4月上旬	
116	乌云集盛	高大直立	中型圆叶	皇冠型	紫红色	4月上旬	

附录　六和塔文化公园栽植牡丹品种表

（续）

序号	品种	植物形态	叶型	花型	花色	花期	照片
117	无瑕美玉	矮开展	中型圆叶	皇冠型	白色	4月上旬	
118	五大洲	中高直立	中型圆叶	荷花型	白色	4月中旬	
119	五一红	半开展	中型长叶	菊花型	深红色	4月中旬	
120	西瓜瓤	半开展	中型长叶	皇冠型	红色	4月上旬	
121	旭港	矮半开展	中型长叶	蔷薇型	火红色	4月中旬	

(续)

序号	品种	植物形态	叶型	花型	花色	花期	照片
122	旭日	半开展	小型长叶	菊花型	红色	4月上旬	
123	姚黄	高大直立	中型圆叶	金环型、皇冠型	淡黄色	4月上旬	
124	银粉金鳞	中高开展	中型长叶	皇冠型	粉色	4月中旬	
125	映红	半开展	中型长叶	菊花型	红色	4月上旬	
126	迎日红	直立	中型长叶	千层台阁型	红色	3月下旬至4月上旬	
127	虞姬艳装	半开展	大型长叶	菊花型、荷花型	洋红色	4月上旬至中旬	

附录 六和塔文化公园栽植牡丹品种表

（续）

序号	品种	植物形态	叶型	花型	花色	花期	照片
128	雨后风光	直立	中型长叶	蔷薇型	粉带蓝	3月下旬至4月上旬	
129	玉楼点翠	高大开展	大型长叶	皇冠型、楼子台阁型	淡粉白色	4月中旬	
130	玉面桃花	半开展	中型长叶	菊花型、荷花型	粉红色	4月中旬	
131	玉麒麟	高大直立	大型长叶	绣球型	白色	4月中旬	
132	赵粉	中高开展	中型长叶	皇冠型、金环型、荷花型	粉色	4月上旬	

(续）

序号	品种	植物形态	叶型	花型	花色	花期	照片
133	种生黑	半开展	大型长叶	蔷薇型、皇冠型	墨紫色	4月上旬	
134	种生黄	高大直立	中型圆叶	菊花型、荷花型	白色	4月上旬	
135	昌红	开展	大型圆叶	菊花型、蔷薇型	红色	4月上旬	